防灾避险
二百招 秋季版

高开华　主编

中国科学技术大学出版社

图书在版编目(CIP)数据

防灾避险二百招:秋季版/高开华主编.—合肥:
中国科学技术大学出版社,2013.5(2021.7重印)
ISBN 978-7-312-03046-8

Ⅰ.防…　Ⅱ.高…　Ⅲ.①防灾—青年读物
②防灾—少年读物　Ⅳ.X4-49

中国版本图书馆 CIP 数据核字(2012)第 129514 号

出版发行	中国科学技术大学出版社
	安徽省合肥市金寨路 96 号,230026
	http://press.ustc.edu.cn
	https://zgkxjsdxcbs.tmall.com
印　刷	合肥市宏基印刷有限公司
经　销	全国新华书店
开　本	787 mm×1092 mm　1/64
印　张	2
插　页	2
字　数	40 千
版　次	2013 年 5 月第 1 版
印　次	2021 年 7 月第 8 次印刷
定　价	6.00 元

前　　言

　　学生的健康成长关系亿万家庭的幸福，关系广大人民群众的根本利益，为全社会所关注。切实做好学校的安全工作，认真开展公共安全教育，使广大学生牢固树立"珍爱生命，安全第一，遵纪守法，和谐共处"的意识，掌握必要的安全行为的知识和技能，养成在日常生活和突发安全事件中正确应对的习惯，最大限度地预防安全事故发生和减少安全事件对学生造成的伤害，保障广大学生的生命安全和健康成长，是各级教育行政部门和学校的神圣职责，更是广大学生家长的共同心声。在这一过程中，对学生进行安全知识教育至关重要，应是所有工作开展的基础。本书正是为了普及安全知识这样一个目的而着手编写的。

在编写过程中,我们调查、总结了目前各级各类学校发生安全事故的基本情况,汲取了已出版同类读物的优点,采取了学生易于接受、理解的问答方式。全书图文并茂,形象生动,适合学生理解和记忆。

本书介绍的安全知识均经过省公安厅、疾控中心、地震局、气象局、交警总队、公安消防总队等相关领域专家严格审查。书中介绍的防交通事故,防火、防爆、防触电,防偷、防骗,防流行病感染,防出行及意外伤害,防自然灾害等方面的安全知识,都是学生日常学习和生活中必须掌握的防灾避险的知识和技能。

学生安全工作是一项长期工作,要常抓不懈,并要与时俱进。我们在 2009 年就编写了《防灾避险二百招》一书,受到了各级教育行政部门、学校和家长的热烈欢迎，取得了良好的效果，给了我们极大的鼓舞。为了适应安全教育的新形势，提供更加丰富、更有针对性的安全知识，我们在 2009 年版《防灾避险二百招》的基础上，扩充内容，分别主要针对春季学期和秋季学期的安全问题特点和安全教育重点，推出了《防灾避险二百招（春季版）》、《防灾避险二百招（秋季版）》两本书，希望对新时期、新形势下的安全教育工作能有所助益。

我们将在本书今后的再版过程中继续思考新的形式、新的内容，真正做到与时俱进，也欢迎各位读者提供宝贵的意见和建议。让我们以对广大学生高度负责的精神，共同努力，把加强学校安全管理的各项工作落到实处，为学生的健康成长，为构建社会主义和谐社会做出我们应有的贡献。

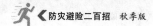

　　限于作者水平,加之时间仓促,书中难免存有疏漏不足之处,敬请相关专家和读者批评指正,以臻完善。

编　者

目　　录

一、防交通事故

（一）日常防范

1. 你知道交通事故的报警电话是多少吗？

答：122，也可以拨打 110。目前不少地方已将报警电话 110、火警电话 119 和交通事故报警电话 122"三台合一"为 110。

2. 你知道道路交通安全的基本规定吗？

答：人车各行其道，车辆靠右行驶，行人在人行道内或靠路边行走，遇到车辆主动避让。

不在铁道、高速公路上行走、玩耍。

3. 你知道过马路时应如何观察吗？

答：过马路应按照人行横道信号灯的指示通行，红灯停，绿灯行，黄灯亮了不抢行，已经进入人行横道的，可以继续通过或者在道路中心线处停留等候。如果没有指示灯，应两边看看，确认无车再通行。车辆和行人都应遵守交通信号的指示，听从交警的指挥。

4. 过马路必须要走斑马线吗？

答：是的，过马路必须走斑马线、人行天桥或地下通道,不能翻越隔离带或护栏。

5. 可以在铁路道口附近玩耍吗?

答:不可以。铁路边、马路边都不能玩耍、逗留。过无人看守的铁道口时,要确认远处无火车驶来再通过。

6. 走路时可以看书或手机吗?

答:不可以。这样很危险,如果碰到障碍物或没有盖盖子的窨井,就会受到伤害。

7. 在马路上行走,发现窨井盖怎么处理?

答:只要看到窨井盖就避开行走,不要踩在

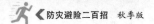

盖上,以免井盖破裂掉进井里。

8. 在马路边行走、站立时,可以靠近车辆吗?

答:不可以。要与车辆尤其是大、中型车辆保持一定距离,避免出现交通事故。

9. 在车站的站台上候车应注意什么?

答:线外候车,左右观察,不可嬉闹。防止被进站车辆擦伤、刮伤。

10. 可以钻到静止的车下或者爬到车上玩吗?

答:不可以。因为车辆随时会启动,很危险。

11. 雨雾天气,出行要注意什么?

答:雨雾天气能见度低,出行时一定要多观察路况,尤其过马路时,一定要遵守交通规则。雨天路滑,走山路的同学要小心,不要滑倒、摔跤。

12. 乘坐小轿车时,可以坐在副驾驶的位置

上吗？

答：不可以。最好坐在后排座位上，后排座更安全些。

13. 乘坐公共汽车，应注意什么？

答:自觉排队,有序上车,不可以打闹;单车门的应该先下后上;双车门的后门下车,前门上车;车没停稳,不可下车。

14. 在没有划分机动车道和非机动车道的路上,应当遵守何种交通规则?

答:机动车在马路中间行驶,非机动车靠右边行驶。

15. 乘坐汽车、火车时,手臂能伸出窗外吗?

答:不能伸出窗外。因为很可能被迎面或同向超车的车子以及路边的树木刮伤。

16. 乘车时,可以将杂物扔出窗外吗?

答:不可以。因为扔出去的杂物可能会伤到车下的行人,而且也会破坏公共卫生。

17. 乘车突遇急刹车、急拐弯时,应该怎么办?

答:赶紧抓住车厢内的扶手、座位的栏杆,尽力保持身体平衡,防止摔倒撞伤。

18. 坐汽车、飞机有必要系安全带吗?

答:有必要。乘客应该按照规定系好安全带。安全带可以将乘客固定在座位上,如果出现意外,不会因为车子的巨大晃动而使乘

客遭受到撞击。在车祸事故中，因没有系安全带而造成死亡的比例要比系安全带的死亡比例高出一倍。

19. 几岁才可以骑自行车上马路？

答：12岁以上才可以骑自行车上马路，16周岁以上才可以骑电动车、摩托车上路。严禁酒后骑车。

20. 自行车应该行驶在哪条道上？

答：骑车时，要在非机动车道上行驶或靠道路右边行驶，不逆行、不强行超车、不与机动车争道抢行，转弯前须减速，伸手示意，不得突然转弯。

21. 行走或骑车时可以戴耳机吗？

答：不可以。佩戴耳机后不易听见周围的声音，而且耳机中的内容容易让人分神，造成安全隐患。也不能在骑车时手中持物或攀扶其他车辆。

22. 骑车时可以后座带人、互相追逐、并行聊天吗?

答:不可以。不能骑车带人,不能骑车并行或互相追逐。这些行为不但影响公共交通,

而且容易造成危险。在恶劣天气下也最好不要骑车出行。

23. 乘坐"黑巴"、"摩的",如果遇到安全事故,有保障吗?

答:没有保障。要做到不坐无牌车、超载车和非客运车,不在路口拦车。

24. 乘坐飞机时,为什么要关闭手机等无线通信设备?

答:因为这些设备会干扰飞机上的导航、通信设备,给飞机的起落、飞行带来安全威胁。

25. 飞机上升或下降时,耳朵疼怎么办?

答:可以捏住鼻子闭嘴鼓气,也可张大嘴巴打哈欠,嚼嚼口香糖或吃点东西。

26. 可以跑着、跳着上船吗?

答:不可以。因为跑、跳会造成船只的剧烈晃动,有可能造成乘客落水。乘船时不能跑跳、拥挤,不要在船舷边站立、玩耍。

27. 乘船、飞机时,有必要知道救生衣位置、安全通道方向、通往甲板的最近逃生口吗?

答:有必要。如果遇到突发事件,可以尽快逃生。

28. 乘船时,可以用手捞取水中的漂浮物吗?

答:不可以。捞取水中的漂浮物时会将身体向船只的一侧倾斜,造成翻船。

29. 如果发现渡船、汽车尤其是校车等交通工具已经超载,你还要选择乘坐吗?

答:不要乘坐,等候下一班。因为超载会引发交通事故,非常危险。如果校车经常出现超载情况,要向校领导反映情况,请他们解决。

30. 乘坐火车要注意什么?

答:在火车站台候车时,不能超过安全警戒

线,乘车时不要在车厢连接处逗留。

31. 你知道如何正确搭乘电梯吗?

答:搭乘扶梯时要靠右侧站立,手扶履带,儿童要与家长共同搭乘,不要在扶梯上跑跳打闹,不要倒乘扶梯;搭乘厢梯时不要拥挤,不要跳跃,当电梯提示超载时退出等待。

(二) 紧急自救

32. 发生交通事故后的第一时间应该做什么?

答:第一时间应该远离事故现场,及时拨打

报警电话 110(或道路交通事故报警电话
122)和急救电话 120。

33. 当车、船即将发生撞击时,该怎么办?

答:迅速握紧扶手、椅背,同时两腿微曲用力
向前蹬地。这样可以减缓身体向前的冲击
速度,从而降低受伤害的程度。如果突发意
外,应该迅速抱住头部,并缩身成球形,以减
轻头部、胸部受到的冲击。如果车子不幸翻
倒,千万不要死抓住某个部位,只有抱头缩
身才是最好的办法。

34. 被困车内时,如何逃生?

答：待车体静止后利用车内配备的安全锤砸
　　开玻璃逃生。注意，砸车窗玻璃的时候，要
　　分别砸车窗玻璃的四个角，不能砸车窗中央
　　部位。

**35. 在交通事故中如果不幸头部受伤，应该
　　如何急救？**

答：如有出血，应尽快止血，并请医生处理；
　　如果有脑脊液漏出，不可堵塞或冲洗，同时

避免用力咳嗽、打喷嚏、擤鼻涕,急送医院处理;如果受伤者出现短暂的意识丧失,或者皮肤苍白、出汗、呼吸浅慢、头痛、头昏、恶心、呕吐,或者昏迷,让伤员采取平卧位,头向后仰,保证呼吸道畅通,急送医院处理。

36. 在交通事故中如果不幸腹部受伤,应该如何急救?

答:(1) 如果出现腹部剧痛、面色苍白、恶心呕吐、出冷汗等症状,应让伤员平卧屈膝,并在膝下垫一些衣服或枕头,这样可以松弛腹部肌肉,减轻疼痛,还可以防止休克。

(2) 解开伤口周围的衣服,不要向伤口咳嗽、打喷嚏或喘气,以避免伤口感染。

(3) 松开伤员颈部、腰部的衣服,以利于呼吸和血液循环。

(4) 不要让伤员进食,如果口渴,可用水润一润嘴唇。

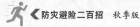

（5）如果内脏从腹腔中脱出来，千万不要用手触碰，更不能强行将器脏往腹腔里塞。可用温水浸湿干净的纱布把脱出来的内脏覆盖住并紧急送往医院。

37. 骑车时出现意外,将要跌倒,该怎么办?

答：迅速将车子抛掉，人向另一边跌倒。全身肌肉要绷紧，尽可能用身体的大部分面积与地面接触。不要用单手、单肩或单脚着地。如果极力保持平衡，会忽视自我保护，往往导致严重的挫伤、脱臼或骨折等后果。

38. 如果搭乘的电梯失控,你知道如何自保吗?

答：搭乘扶梯失控时，双手抱紧履带，双腿微曲，将自身重量靠在履带上，不要急于奔跑、跳跃，避免踩踏伤害。搭乘厢梯而厢梯忽然下滑时，双手抱住电梯内扶手，双腿微曲，迅速按下目前楼层数以下的楼层按键。

二、防火、防爆、防触电

（一）防火

39. 你知道哪些情况容易引发火灾吗？

答：在蚊帐、书报、木质桌椅旁点燃蚊香和蜡烛，用易燃物覆盖使用中的电灯等电器，均容易引起火灾。随意玩火、烧东西，在草堆、纸堆或加油站旁燃放烟花爆竹，将点燃的烟火爆竹乱扔，也容易引发火灾。

40. 你知道火警电话是多少吗？

答：119。

41. 报警后需要去迎接消防车吗？

答：需要。应将消防车带至火灾现场。

42. 如果发现火情，先救火还是先逃生？

答：如果是小火或火势处于初级阶段，应在老师的引导下用沙土、湿布、湿棉被和锅盖等来进行扑救，同时挪开火源附近的可燃物。如果火势较大或已蔓延，无法控制，应逃生，并报警。

43. 如果发现着火应该大声呼喊吗？

答：应该大声呼喊。这样可以提醒周围人，让更多的人尽快逃生。

44. 应该如何逃离火灾现场？

答：要听从老师和工作人员的指挥，不要慌乱，有序撤离，避免踩踏和被落物砸伤。如果撤离时，个人物品掉落了，不要返回去拾捡，生命是最重要的。

45. 如果撤离时烟很大，如何能安全逃走？

答：如果烟很大，要披上浸湿的衣服或裹上湿毛毯、湿被褥，用湿毛巾捂住口鼻，向安全出口方向弯腰或爬行逃生。

46. 如果是楼房着火，可以使用电梯吗？如果有其他人乘电梯，你该怎么办？

答：不能乘电梯，同时应阻止其他人乘电梯。因为电梯会因断电而停止，人会被困其中，而且电梯不能隔绝烟火，危险更大。

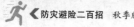

47. 楼房着火可以跳楼逃生吗?

答:不可以,跳楼更危险。如果楼层不高,可以迅速利用床单、窗帘或衣物等制成简易救生绳,并浸湿,从阳台或窗台放下,沿绳滑离着火层或滑到地面。

48. 在电影院等公共场所,或者教室、实验室、宿舍中,有必要留意逃生路线,注意报警器材和灭火器材位置吗?

答:有必要。如果发生意外,可以迅速逃生。

49. 发生火灾时你正在房间里,可以立刻开

门逃生吗？

答：不可以。因为在打开门窗的同时可能会将门外的火引入室内，要确保门窗外相对安全才可以打开门窗逃生。门外着火时，先用手触摸房门或把手，如果房门或把手已热，说明外面火势严重，不可夺门而逃。要赶紧关闭门窗，并用湿的毛巾、床单等织物堵住

门窗缝隙,防止火苗及烟雾窜入。同时,要不停地向门窗泼水以降低温度。

50. 一旦发生火灾,如果慌乱起来胡乱拥挤,会造成什么样的严重后果?

答:会发生出口堵塞,大家都出不去。所以要听从老师、消防员的指挥,有序撤离。

51. 火灾中,躲在房间哪里相对最安全?

答:卫生间的浴缸相对最安全。可以躲进装满水的浴缸里等待救助,因为卫生间的水可

以抵御火焰和烟雾。

52. 如果火势不大,是不是就可以先收拾财物了?

答:不可以。不要贪恋财物,携带物品会对人员疏散造成障碍。

53. 如果身上着火,应该怎么办?

答:千万不能跑。马上将着火的衣物脱掉,或就地打滚将火苗压灭,但注意不要滚动过快。

54. 报警后,怎样在室内发送求救信号?

答:用长杆撑起红色衣物等醒目的物品伸出窗外摇晃。

55. 你知道哪些方法可以灭火吗?

答:可以用毛毯、棉被等覆盖火苗,然后浇
水;或用黄沙、干粉等覆盖灭火;也可以用脸
盆、水桶等取水灭火;有条件的话可以利用
楼道内的灭火器灭火。

56. 哪些物质着火不可以用水灭火?

答:油类、酒精等易燃液体和电器着火,不能
用水灭火。应该用干粉、二氧化碳、四氯化
碳等灭火剂进行扑救。如果是电器着火,首

先要切断电源,然后用湿棉被进行捂盖。如果无法断电,或不明确是否已断电,再使用上述灭火剂。

57. 油锅着火应该怎么办?

答:盖上锅盖,没有氧气火就会自行熄灭。

58. 如果微波炉内起火,可以打开微波炉的门来灭火吗?

答:不可以。应马上关闭电源,等火熄灭。因为门开后,空气进入会加大火势。

59. 如果电视机着火,扑救时人应该站在正面还是侧面?

答：侧面。用湿棉被或毛毯盖住，不能泼水
和使用灭火器，防止显像管爆炸伤人。

**60. 如果发现煤气泄漏，可以开灯或开启其
他电气设备吗？**

答：不可以。防止产生电火花引起爆炸。

61. 如何使用灭火器？

答：泡沫灭火器要倒过来摇晃后再打开喷
射，二氧化碳灭火器和干粉灭火器可以直接
打开开关进行喷射。

62. 你知道哪类物质着火不能用泡沫灭火器

扑救吗?

答:电气设备着火不能用泡沫灭火器扑救。

63. 酸碱灭火器不可以用于扑救哪类物质?

答:不能扑救电气设备和油类物质。

64. 如何预防因电线老化而引发火灾?

答:定期请电工更换电线。如果线路老化、损坏会有不正常的高温,散发刺鼻的气味,电线的绝缘表面变硬、变脆。如果是这种情况,立即请电工断电、更换。

65. 你知道离开实验室时,需要做哪些防火措施吗?

答:应该检查大功率的设备是否关闭并拔掉电源,如电炉、烘箱等;易燃、易爆、强腐蚀性药品有没有放置得当。

66. 离开宿舍、家之前,要确保电源关闭,有哪些需要查看的?

答:需要查看电饭锅、微波炉、电热毯、电炉、电熨斗等电器的开关是否关闭。如果长期离开,要将插头拔去。

67. 大风天气可以去野炊吗?

答:不可以。大风天气不可以野炊,易引发火灾。

68. 在郊外野炊,应该如何预防火灾?

答:选择接近水源的开阔地带,远离林场、草场,离开时,用水浇灭残火,并扒开火堆查看,确认没有火星方可离开。

69. 如果在野外遇到大火怎么办?

答:向逆风方向逃。

　　如果暂时无法逃离火场,可选择地形平

坦的地方点火,烧出一块安全带。火点着后,人跟着火前进,后面的火烧到已经烧过的地方,就会自行熄灭。

如果情况紧急,选择植被稀疏、杂草矮小又好走的地方,用衣服蒙着头部,在几秒钟之内一口气冲出去;或者就近选择河沟、河滩,把衣服用水浸湿蒙在头上,用湿毛巾捂住口、鼻,并在地下扒个土坑,把脸贴近湿土呼吸,卧倒避火。

(二)防爆

70. 你知道什么是爆炸吗?

答:爆炸分为两种,无燃烧的爆炸与有燃烧的爆炸。无燃烧的爆炸是由于物品内压力的突然变化造成物体的爆炸;有燃烧的爆炸是由于物质的剧烈变化造成的爆炸,生活中常见的有燃烧的爆炸是易燃物非常剧烈的燃烧过程。在实验室中的不当操作也有可能引发爆炸。

71. 你知道有哪些物品属于易燃、易爆物品吗?

答:生活中容易燃烧的物品,包括木质家具、塑料杯盘,衣物、窗帘、被褥等布料制品,面粉,食用油类等,实验室中的某些药品、放射性物品等,工作中的各类电器,某些洗涤剂、杀虫剂等。

还有一些易爆物品如液化气罐、锅炉、碳酸饮料、啤酒瓶等,如果使用不当或使用假冒劣质品时也可能发生爆炸。

72. 生活中尽量不要接触哪些易爆危险品?

答:不要接触香蕉水、雷管、炸药,不要将打火机、啫喱水等放于高温处,不要摔砸打火机。

73. 你知道哪些场所易发生爆炸吗?

答:矿山、石场、加油站、加气站、鞭炮厂、锅炉等场所易发生爆炸,尽量不要去这些地方。

74. 可以在加油站周边拨打手机、玩耍吗?

答:不可以。加油站属于高危场所,在加油站时不能拨打手机,也不能在加油站周边逗留、玩耍。

75. 家里如何避免天然气、燃气爆炸?

答:(1) 使用正规厂商的产品,注意安全须知。（2）使用燃气具时不能离开，必须随时注意，使用完毕后及时关闭阀门。（3）使用燃气具时要注意通风，避免因为缺氧导致燃气具熄火，使易燃气体充满房间。（4）家中长期无人或燃气具长期不使用时，要关闭总阀门。

76. 可以将烟花爆竹带上公交车或带到学校里去吗？

答：不可以。会引发火灾、爆炸。

77. 燃放烟花爆竹要注意什么？

答：要注意安全，避开人群和易爆炸场所；他人燃放鞭炮时须绕行；不要捡拾未爆炸的鞭炮。

（三）防触电

78. 可以玩电线、插座吗？为什么？

答：不可以。不要用手或物体接触、探试电源插座和电器内部。不能随意拆卸、安装电源线插座、插头等。因为一般电器使用的电压远远大于人体安全电压，玩电线、插座时容易造成触电，严重威胁生命安全。

79. 湿手可以触碰、插拔插头吗？

答：不可以。湿手插拔插头可能会触电。

80. 拔电源插头可以直接拽线吗？

答：不可以。直接拽线拔插头可能造成插头
绝缘层断裂造成漏电，也可能拽断电线，对
插座本身也不好。

81. 电线破损处，可以使用普通胶带修补吗？

答：不可以，要使用专用的绝缘胶带修补。
发现电线的绝缘皮破损，不能自己修补，要
及时告诉家长或老师。

**82. 停电或电器长期不使用，家中长期没有
人时应该如何注意用电安全？**

答：停电或电器长期不使用时要切断电源，

家中长期没有人时最好切断总电源。

83. 家用电器带电时可以进行清理、维修吗?

答:不可以。也不可以带电移动家用电器,避免造成触电。

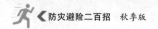

84. 如何使用电热毯、热水器、电炉等家用电器？

答：最好不要使用电炉、热得快等危险电热器具。电热毯、电热水器等使用后要及时切断电源。电热毯可以在入睡前加热床铺，但人入睡后最好切断电源，不要让电热毯整夜工作。

85. 一个插座上可以接入多个电器吗？

答：不可以。插座、电线都有一定的安全限制，接入过多电器时会因为电路负荷过大导致电线发热、老化,造成漏电,严重时甚至可能引发火灾、爆炸。

86. 插线板、插座、电器开关等出现异味应怎么办?

答:要立即停止使用,并提醒家长或老师进行更换。非正规厂家的不合格产品可能存在绝缘不良、防护不达标、通电时挥发出有毒气体以及难闻气味等问题。

87. 电器工作时冒烟、冒火花、出现异味时如何处理?

答:要立即切断电源,并通知家长维修更换。

88. 可以把物品覆盖在家电上吗?

答:不可以。也不能将纸张、衣物和鞭炮等易燃易爆物品堆放在通电的电吹风、电饭锅、电熨斗、电暖器等附近。

89. 家用电器可以贴墙摆放吗? 可以放入死角吗?

答:不可以。电器在使用过程中会产生热量,贴墙摆放或摆入死角不利于电器通风散热,既可能导致电器迅速老化、缩短使用寿命,也可能由于热量积累导致家用电器起火、漏电。

90. 三相插线可以接入二相插座吗？

答：不可以。三相插线的第三相是接地相，可以避免电器电路原因造成的漏电。插入二相插座时不但容易造成触电事故，也影响电器自身的使用，加速电器老化。

91. 为什么不能在高压线、变压器周围逗留？

答：因为高压线、变压器中的电压非常高，即使没有直接接触也可能会触电。也不能攀爬电力铁塔和变压器，更不能在高压线附近放风筝、钓鱼。

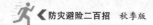
92. 可以在户外电线上晾晒衣物吗？

答：不可以，以免发生危险。

93. 高压电线断裂、坠落至地面应该怎么办？

答：如果距离较远，应立即通报老师或长辈，或拨打报警电话110。如果距离较近，不要行走，要双腿并拢，跳跃远离。切忌在高压线附近使用手机等无线电子设备。

94. 有人触电，你知道如何救助吗？

答：首先应切断电源，切忌直接拉拽触电的人，可以用干燥的长木棍、塑料棒等不导电

的物体将带电物体挑离人体。脱离电源后，尽快拨打 120 急救电话。如果伤势比较轻，让触电的人休息一小时左右再送去医院治

疗；如果伤势较重，出现没有知觉、没有呼吸甚至没有心跳的情况下，要立即进行人工呼吸并伴随胸外心脏按压，在送往医院的途中不能停止急救。

三、防偷、防骗

95. 遇到陌生人搭讪,你知道应该怎么应对吗?

答:在学校时,遇有陌生人来接,不要跟着走,应先与家长取得联系。路遇陌生人搭讪,不要理会,不要接受钱物、玩具、食物等,不搭便车,不接受邀请同行或做客。

96. 独自一人在家时,遇到陌生人敲门怎么办?

答:不要给陌生人开门。如果自称是邮递员、维修工或家长同事时,可让其自行与家长联系,或用"爸爸正在睡觉"等言语来暗示、吓退陌生人。如果来人纠缠不清的话,立刻拨打110报警。

97. 遇到陌生人求助,你知道如何应对吗?

答:如果陌生人问路,可以指路但不要带路;如果希望你帮忙寻找东西,不要答应,可以请他向成年人寻求帮助；如果陌生人要借钱、借用手机，不要答应。也不能把自己的姓名、家庭地址、电话号码等情况告诉陌生人。如果发现陌生人跟随，不要慌张，往人多的地方去，向警察、保安等求救。

98. 如果有陌生人问你有关爸爸妈妈的工作、家庭地址、平时是谁接送你等问题，应该理会他吗？

答：不应该理会。不要随便搭理不认识的

人，你可以说："我都记不住了，你自己去问我爸爸吧。"还可以向警察、保安、周围的店主等求助，让他们帮忙拨打 110 报警。

99. 电话本上亲戚的电话应如何记录？

答：最好使用亲戚的姓名，不要使用代称（妈妈、爸爸、舅舅等），以免丢失后落入坏人之手。

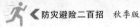

100. 如果今天来学校接你的人突然换成其他的亲戚或邻居,你该跟他(她)走吗?

答:不能走,要打电话或请老师打电话与家长取得联系,向他们确认来接你的人是谁。

101. 独自在家时,接到陌生人电话说你已中奖,需要你提供姓名及家庭住址等信息时,该如何回答?

答:告诉他你不清楚,拒绝透露任何信息。

102. 看到路边有小摊贩在兜售奖券,是否可以购买?

答:不能购买。路边摊贩的奖券大多数是以骗钱为目的的,中奖率极低。如有同学去买,告诉他们不要去。

103. 独自行走时,如果有人冒充你的亲戚,并说出你父母的名字要带你走,该怎么办?

答:不能跟他走,告诉他你不认识他,有事情让他直接找你的父母亲。

104. 你知道如何防偷吗？

答：外出时应随身携带一定现金以备急需，但不要携带过多财物，不带贵重物品。独自在家时要锁好家门，休息时要关好窗户。

105. 看到有人在偷窃该怎么办？

答：首先要保护好自己，不要随便大声呼叫，避免与小偷正面接触，记住罪犯的体貌特征与离开方向，在确认安全后，及时报警。

106. 如果放学回家发现家中被盗，怎么办？

答：尽快退到安全地带，报警并通知家长。

107. 独自在家时，遇到入室行窃的小偷怎么办？

答：一定要保持冷静，尽力隐蔽好自己。如已经暴露，不要和罪犯过多地纠缠，将自己身上值钱的东西给他们，记住他们的体貌特征，确保没有危险的情况下再报警。

108. 可以玩街头套圈、象棋等游戏吗？

答：不可以。这些游戏往往存在诈骗陷阱，

要远离。

109. 手机收到各种转账信息、罚款通知、中奖短信怎么办？

答：不要轻信，绝大多数此类信息都是诈骗短信。不要拨打短信中提到的服务电话，不要回拨发来短信的电话，可以拨打相关行业的客服电话询问，不知道客服电话时可以拨打114查询。

110. 遇有网友提出见面、网友聚会,如何应对?

答:应该拒绝与不认识的网友见面。可以使用互联网联系自己在生活中认识的朋友,但是不要见通过网络认识的朋友。

111. 为防诱拐,外出应注意什么?

答:外出须告知家长目的地、陪同人员及回家时间。千万不要接受陌生人的请吃、请喝。

112. 如果不幸被诱拐怎么办?

答:不要过分挣扎,要装出顺从的样子麻痹坏人,尽量将看到和听到的线索默记在心,留下随身物品做记号,找机会逃脱或报警。

四、防流行病感染

113. 你知道秋冬季节有哪些流行病吗?

答:秋冬季节流行病以呼吸系统疾病与消化系统疾病为主。常见的呼吸系统疾病有普通感冒、流行性感冒、麻疹、水痘、风疹、腮腺炎、流行性脑脊髓膜炎(简称流脑)、肺炎等。常见的消化系统疾病有细菌性食物中毒、细菌性痢疾、大肠杆菌肠炎、冰箱性肠炎(耶尔细菌肠炎)等肠道疾病。同时秋季也是胃病的多发与复发季节,秋季腹泻是常见的疾病之一。

114. 你知道秋季流行病为什么会出现吗?

答:秋天气候变化异常,季节转换较快,早、中、晚及室、内外温差较大,呼吸道黏膜不断受到乍暖乍寒的刺激,抵抗力减弱,给病原提供了可乘之机,所以感冒是秋季高发病。特别是当教室通风不好时,感冒更容易在同学之间迅速传播。

另外,秋季病菌繁殖快,食物易腐败,是细菌性食物中毒、细菌性痢疾、大肠杆菌肠炎、冰箱性肠炎(耶尔细菌肠炎)等肠道疾病的多发季节。

115. 出现秋季腹泻时,可以使用抗生素吗?可以使用止吐、止泻药吗?

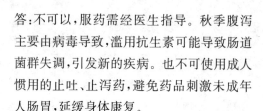

答:不可以,服药需经医生指导。秋季腹泻主要由病毒导致,滥用抗生素可能导致肠道菌群失调,引发新的疾病。也不可使用成人惯用的止吐、止泻药,避免药品刺激未成年人肠胃,延缓身体康复。

116. 秋季腹泻的患者需要禁食吗?

答:一般不需要禁食,但腹泻的时候不能吃高蛋白、高营养的食物,否则会加剧腹泻病情,可少吃多餐,关键在于清淡好吸收。

117. 发现自己感冒时,可以自己找感冒药服用吗? 可以使用抗生素吗?

答:不可以。感冒分为细菌性感冒与病毒性感冒两大类,治疗方法与使用药品各不相同,须经医生诊断病因后对症用药。同时,滥用抗生素等药物可能造成肠道菌群失调,引发腹泻等新的疾病。

118. 支气管炎主要发生在什么季节?

答:主要发生在秋冬交替时节,预防关键是注意保暖,加强耐寒锻炼。

119. 揉腹部有助于预防胃肠病吗?

答:每天进行腹部按摩可有效防治胃肠病。另外,散步、慢跑等适度的运动锻炼,也可提高机体抗病能力。

120. 你知道如何预防秋季呼吸道疾病吗?

答:(1) 注意温度变化及时增减衣物;(2) 增加户外活动,增强体质;(3) 经常给房屋通风;(4) 少去公共场所;(5) 适当多饮水,多吃水果,增强机体代谢;(6) 经常使用冷水洗脸洗鼻;(7) 养成良好的卫生习惯,做到不随地吐痰、吐唾沫,不对着别人咳嗽、打喷嚏;(8) 尽量避免接触感冒患者,接触到感冒患者或他们碰触过的东西后要洗手。

121. 你知道如何预防秋季消化道疾病吗?

答:(1)注意日常饮食,不能乱吃东西、暴饮暴食;(2)不喝凉水、不吃冷饭,尽量不吃剩饭,剩饭要充分加热后才能食用;(3)饭后不要立刻跑跳、剧烈运动,不要立刻睡觉;(4)适时增加衣服,夜间睡觉时要盖好被褥,以防止腹部着凉。

五、防出行及意外伤害

122. 在公共场所上下楼梯时应注意什么？

答：上下楼梯时，前后要保持一定距离，不要拥挤，不要跑跳、打闹，不要将身体探出阳台或窗外，防止坠楼。

123. 冬季天寒地冻，如何防止摔倒？

答：要选择合脚的鞋子，不能过大或过小；要选择防滑性能比较好的鞋，走路要平稳，不要在结冰路面随意跑跳，必要时可以使用辅助物。

124. 可以玩弹弓、叉子这样有危险性的玩具吗？

答：不可以。不要做危及他人安全的活动和游戏。不要将硬币、纽扣、玩具零件等小

件物品放入口中,也不要含着叉子、筷子
玩耍。

125. 可以独自外出游玩吗?

答:不可以。外出要征得家长同意,并告知
具体的行程和伙伴。不独自出游,不到危险
地方游玩。

126. 外出游玩需要携带哪些东西?

答:要携带必要的证件、药品、食品和衣物,
不带贵重物品。家中电话号码、地址等信息

可以记在纸上随身携带。

127. 在外遇到危险怎么办？

答：遇到危险，向警察和管理人员求助，不轻信陌生人，不搭乘陌生人的车，不和陌生人起争执。

128. 外出就餐应该注意什么？

答：外出就餐要特别注意餐器具的卫生，不吃生冷食物，防止食物中毒。

129. 外出住宿应注意什么？

答：住宿应选择正规的宾馆、旅社，不去偏僻、阴暗的小旅馆，住宿时要关好门窗，记住安全通道位置，不接陌生人电话，不和陌生人聊天，确保人身和财产安全。

130. 节假日出行如何预防走散？

答：节假日出行，人多拥挤，不要私自乱跑，要紧跟家长，并与家长事先约定好万一走失去何地集合，不要因短时间走失着急哭闹，以免引起坏人注意。

131. 参加集体活动前应该注意什么?

答:参加学校组织的活动要仔细听取集体活动的注意事项,并征得家长同意,提前告诉家长活动的时间、地点、有关人员,牢记家庭住址与家庭电话号码,以备发生紧急情况时能及时和家长取得联系。

132. 在集体活动中应注意什么?

答:服从老师的指挥,遵守活动纪律,不推

搡、不打闹、不私自乱跑。分散活动时要准时到达指定地点集合。

133. 集体活动时遇到突发事件怎么办?

答:遇到突发事件时,应遵从老师的指挥,镇定、快速、有序地撤离,不拥挤、不抢跑;没有老师指挥时也不能拥挤推搡,避免踩踏事故发生。

134. 如果不幸被挤倒怎么办?

答:如果被挤倒,不要惊慌,设法让身体靠近墙根或其他支撑物,把身体蜷缩成球状,双手紧扣置于颈后,保护身体重要部位。

135. 在游乐场应注意什么?

答:选择游乐设施时应注意符合自己的身体、年龄条件,选择安全的游乐设施,听从工作人员的安排,按要求采取安全防护措施。

136. 玩高空、高速和水上项目应注意什么?

答:要系好安全带,防止撞伤和甩出。水上项目要穿戴救生衣,防止坠入水中。

137. 搭乘缆车要注意什么?

答:搭乘缆车要听从工作人员指挥,依次上下,不要在缆车上丢弃垃圾物品,防止个人物品从空中掉落。

138. 游览动物园时应注意什么?

答:不要恐吓、挑逗野生动物,保持适当距离,不要攀爬护栏。

139. 你知道运动前需要做哪些准备吗?

答:运动前需做

热身活动,不要佩戴饰品,不能携带小刀、铅笔、钥匙、手表等物件,最好要换上运动鞋、运动服。

140. 在野外游玩时应注意什么?

答:要做到看景不走路,走路不看景。拍照时要小心移动,特别注意不要后退,以免发生危险。

141. 你知道什么时间不适合运动吗?

答:不要在空腹时或饭后运动。运动时要采取防护措施,量力而行,不要超负荷运动。

142. 运动时,如果发生扭伤等运动伤害,应该怎么办?

答:如果发生挫伤、肌肉拉伤、关节扭伤等运动伤害,要尽快冷敷,24 小时后改为热敷。严重者应及时就医。

143. 可以随意使用和放置锋利、尖锐的工具吗?

答:不可以。使用锥、刀、剪子等锋利、尖锐的工具或图钉、大头针等文具时,不要玩耍、

打闹,用后应放好,不要随意放在床上、椅子上,防止受到伤害。

144. 帮家长做农活时应注意什么?

答:使用钉耙、锹铲、镰刀等农具时,要注意安全,用后妥善放置;要远离脱粒机、收割机等农机,也要小心捕兽器和陷阱。

145. 电、气焊火花可以直视吗?

答:不可以。电、气焊火花光强很大,直视容

易造成失明。遇到电、气焊作业时,不要直视,尽快离开。

146. 如果受伤出血应该怎么办?

答:如受伤出血,应及时消毒、止血,防止伤口感染,必要时注射破伤风抗毒素针剂。

147. 如有人受伤流血,你知道如何止血吗?

答:可以采用加压止血法,用力按压伤口止血,或者撕下衣服包扎止血。

148. 你知道如何清洗伤口、包扎伤口吗？

答：用清洁的水或稀释的酒精清洗伤口，用干净的纱布、软布或毛巾折叠成比伤口略大的垫子盖在伤口上，再绑上三角巾或绷带。如果是大腿根、腋窝、肩部、口鼻等部位出血，应该将棉垫或消毒过的纱布填塞在伤口内，再进行加压包扎。

149. 包扎前可以挤出少量血液，知道为什么吗？

答：主要是为了排出伤口中的灰尘和细菌。

150. 哪些情况应该用止血带止血？

答：如果出现四肢大量出血，加压包扎法不

能奏效时,应采用止血带止血。在伤口的上端,也就是靠近心脏的那一端用止血带扎紧,以压迫血管止血。如无止血带,可以使用宽皮条、三角巾或毛巾代替。

151. 使用止血带时松紧如何把握?

答:以伤口不再出血,远端肢体即手腕、脚跟处动脉搏刚好摸不到为宜。

152. 止血带是直接缠绕在皮肤上的吗?

答:不可以直接缠绕到皮肤上,必须用毛巾等做成平整的垫子垫上。

153. 使用止血带有时间限制吗? 有必要放松吗?

答:使用止血带的时间一般只能在半小时至一小时左右,最多不能超过两三个小时,而且每隔半小时就要松开一分钟,以暂时恢复肢体远端的血液运输,防止机体缺血坏死。

154. 如果有人不幸断了手指、四肢,该如何处理?

答:将断肢或断指用无菌纱布包好,放入清洁的塑料袋中,并将其冷冻保存,0～4℃为宜,与伤者一同送往医院。注意,不要用水清洗,也不要放在盐水或消毒水中。

155. 你知道休克人员有哪些症状吗? 救援时应该注意些什么?

答:休克人员多表现出体温下降、出冷汗、脸色苍白、脉搏变弱、呼吸困难等,严重的会昏迷不醒、大小便失禁,如不及时抢救就会有生命危险。救援时应立即止血,尽快找医生抢救,同时让伤员采用平卧位,不能头低脚高,以免压迫心、肺,影响血液循环和呼吸;如果伤员出现面红耳赤、呼吸困难时,要抬高下半身。要保持呼吸通畅,防止缺氧。

156. 你知道如何进行人工呼吸吗?

答:口对口(鼻)吹气法:(1)让病人仰面朝天躺平。(2)清理患者口鼻部位,保持呼吸道清洁。(3)使患者头部尽量后仰,以保持呼吸道畅通。(4)救护人站在患者头部的一侧,自己深吸一口气,对着病人的口(两嘴要对紧不要漏气)将气吹入,造成吸气。为使吸气充分,救护者吹气时间应超过一秒钟;为使空气不从鼻孔漏出,可用一手将其鼻孔捏住。然后救护人嘴离开,将捏住的鼻孔放开,并用一手压患者胸部,以帮助患者呼气。这样反复进行,每分钟进行 14 — 16 次。

157. 你知道如何防止烫伤吗?

答:远离水壶、热油锅等物,不要把水滴到热油中,避免被热水、蒸汽、热油烫伤。冬天往玻璃器皿中倒开水时,防止炸裂烫伤。

不要触摸使用中的电熨斗、电暖器等家
电。使用热水袋时,水温不要太高,不要装
得太满,排出袋内的空气,拧紧盖子,不要挤
压,不要直接接触皮肤。

158. 发生烧伤、烫伤应该如何处理?

答:立即用冷水冲洗受伤部位或将受伤部位
浸泡在清洁的冷水中。皮肤起泡时,不可把
水泡弄破。

159. 在野外迷路怎么办?

答:迷路时尽量回忆路线,争取原路返回。
如果无法原路返回,要爬到高处观察地形,

寻找道路和游人活动痕迹,或顺着溪流行走。

160. 在野外遭遇恶劣天气怎么办?

答:遭遇恶劣天气时,应尽快返回,不要继续游玩;雷雨大风天气,不要攀登高峰,不要手扶金属栏杆,以防雷击;尽量穿雨衣,不要打伞,以防被大风吹落;要避开山沟、河道,以防山洪、泥石流。

161. 在野外,哪些地点是毒虫经常出没的地方?可以涂抹什么药水防虫?

答:树荫下、沟渠中等潮湿阴凉的地方是毒虫经常出没的场所。风油精、清凉油、蛇药、防蚊虫叮药等可以防虫。

162. 在野外遇到零星野蜂时,该怎么办?

答:绕道离开,因为后面可能跟着成群的野蜂。

163. 如果被毛毛虫蜇伤,如何处理?

答:如果被蜇处还留有小毒毛,应该用医用胶布将其粘出来,蜇破的地方用龙胆紫涂抹。

164. 如果被蜜蜂蜇伤或被蜈蚣咬伤,你知道怎么处理吗?

答:用肥皂水或碱水擦洗,然后再涂抹点抗生素软膏。

165. 如果被猫或狗咬伤,你知道怎么处理吗?

答:(1) 立即在伤口上方扎止血带,用肥皂或清水彻底冲洗伤口至少 15 分钟,防止或减少病毒随血液流入全身的可能性;(2) 24小时之内到防疫部门或医院注射狂犬疫苗。

166. 如果在野外遇险,你知道怎样向外界发求救信息吗?

答:如果是晚上,可以点燃三堆距离相等成直线的火或者用手电筒发射间断的光讯号;如果是白天,可以同样点火并在火上盖些青草以发出浓烟。如果发现了救援人员,可以用镜子、罐头壳等反射阳光引起注意,大声呼救,或吹哨子,或借助物品发出声音以吸引注意。

167. 在野外摔倒骨折后,该如何处理?

答:在野外摔伤骨折后应使用布条、木棒等物体将骨折的肢体固定后找专业的医生治疗。

168. 如果发生脊椎受伤,应该怎么办?

答:脊椎受伤后要垫高头部,原地平躺等待救援,尽量避免移动。

169. 在搬运脊椎受伤者时,要特别注意什么?

答:绝对禁止一人背或两三人直接抬,让伤者平卧在木板或硬担架上,绝不能使脊柱屈曲和扭转,不宜用布担架或毛毯、棉被。伤

员上下担架应由三四人站在伤员同一侧双手分别托其头、背、臀、腿,动作一定要平稳、一致,可以喊"1—2—3—起"这样的号令。

六、防自然灾害

（一）防地震

170. 如果听到有关地震的消息,你该怎么办?

答:不要轻信关于地震的各种小道消息。如果要了解地震信息,应该收听、收看当地政府或地震管理部门的权威消息,不可听信谣言,更不能传播谣言。对传播谣言造成后果的,警方依法追究其法律责任。

171. 如何识别地震谣言？

答:《中华人民共和国防震减灾法》规定,全国范围内的地震长期和中期预报意见,由国务院发布。其他任何部门、单位和个人,都无权对外发布地震预报。因此,凡是说"××单位都已通知了要地震"都不可信。地震预报不可能十分精确,因此凡是将地震时间"预报"到一天以内,地震地点具体到乡、街道者,肯定都是谣言。还有所谓的国外专家预报、带有迷信色彩的地震传言都是谣言。

172. 你知道哪些现象是地震前兆吗？

答:(1)地下水异常现象:水位变化、水质变化(变色、变味)、水温变化及其他(翻花冒泡、喷气发响、井壁变形等)。(2)出现地声、地光。(3)动物表现异常:过度兴奋、惊恐不安或行动迟缓。(4)电磁场异常:收音机失灵,日光灯自明,电子闹钟失灵等。

一旦发现异常的自然现象,不要轻易做出马上要发生地震的结论,更不要惊慌失措,而应当弄清异常现象出现的时间、地点和有关情况,保护好现场,向政府或地震部门报告,让地震部门的专业人员调查核实,弄清事情真相。

173. 你知道地震应急包中应该放些什么吗?

答:家里应该准备地震应急包。应急包中应该包括饮用水、饼干、巧克力、收音机、手电筒、干电池、毛巾、手纸、手套、蜡烛、打火机、哨子以及急救药品。急救药品包括:过氧化氢,用于清洗和消毒伤口;抗生素药膏;包装好的酒精棉签;阿司匹林及其他药片;处方药及其他需要长期服用的药物;抗腹泻药物;滴眼液。另外还可以准备一些用于外伤包扎的绷带、纱布、医用胶布、医用棉花等。过了保质期的用品要及时更换。

174. 你知道为了做好家庭防震准备,家中物品应该如何摆放吗?

答:家具、物品要尽量放置稳固,高大家具要固定。不要将电视机和一些易碎物品放得过高,玻璃最好用透明胶带缠上,防止玻璃破碎时飞溅伤人。同时还要清理楼道中的杂物,保持门口、楼道畅通。

175. 地震时，如果在室内应该躲在哪里？

答：要立即躲在坚固的床下、桌下或桌边、床边、低矮的家具边，承重墙的墙根、墙角，小房间内。

176. 地震时，如果看到明火怎么办？

答：在感知到小的晃动的瞬间，应立即扑灭

明火,否则火势一旦加剧,会非常危险。

177. 地震时,如果你正在学校上课,应该怎么办?

答:若在平房和楼房教室里,要力争跑到室外空旷处躲避。逃生时,用衣物、书包等随身物品护住头部,保护好身体的重要部位,防止被落物砸伤;捂住口鼻,防止吸入灰尘或泄露的有毒气体。

178. 地震时,如果在交通工具上,应该怎么办?

答:要立即抓住座位上的扶手,或降低身体重心躲在牢固的座椅附近,不能急着跳车。

179. 你知道家中最安全的避震地点和最不安全的避震地点吗?

答:家中最安全的避震地点有:承重墙墙根、墙角;小开间的房间(卫生间、小卧室);有水管和暖气管道处。最不安全的避震地点有:没有支撑物的床上;吊灯、吊顶下;周围无支撑的地板上;玻璃(镜子)和大窗户旁。如果已经顺利逃到室外,千万不要马上返回来取财物。

180. 地震时,可以选择在地窖、隧道或地下通道内躲藏吗?

答:不可以。地窖、隧道或地下通道因地势较低,很可能被滚落的石块填埋,不安全。

181. 如果地震发生时你在室外,什么地方比

较安全?

答:开阔的操场或广场。

182. 地震发生时,如何从楼房撤离?

答:应该迅速从楼梯离开,不要乘电梯。如果正在电梯中,应选择最近的楼层出来。

183. 地震时怎样避免其他伤害？

答：(1) 地震时，千万不能点燃明火，因为空气中很可能有易燃易爆的气体泄漏。(2) 如果发现已经有煤气、氯气等有害气体泄露或爆炸，应拿湿毛巾捂住口鼻，向上风头躲避。如果躲避处离爆炸中心较近，在此次爆炸结束后，应迅速离开，以防后续爆炸。(3) 躲避时不可拥挤、乱闯，防止踩踏、挤伤，应听从老师的指挥有序疏散、躲避。

184. 如果不幸被建筑物压埋，应该如何保护自己？

答：(1) 应立即用衣服、毛巾包裹住头部，不

要大声呼喊以免烟尘刺激呼吸道,有条件的可用湿毛巾、手帕捂住口、鼻。(2)挪开头部周围的杂物,清除口、鼻里的灰尘。(3)小心翼翼地清除掉压在身上的杂物。(4)若暂时无法脱险,应保持体力,等待救援。

185. 如果不幸被压,你知道怎样利用周围条件,最大限度地确保生存空间吗?

答:挪开头周围的杂物,设法用砖、木等加固周围的支撑物。

186. 等待救援时,如何保存体力呢?

答:为了减少能量消耗,不要在废墟中大喊大叫,当听到外面有人经过时,再大声呼救或吹哨子或有节奏地敲击物体发出声音引起注意，同时努力寻找各种食品和饮用水。当严重缺水时，可以喝尿求生。

187. 你知道如何预防余震伤害吗?

答:尽快从室内撤出,待在户外开阔地,不要轻易返回室内。不要靠近房屋、悬崖、河谷、堵塞湖等危险地带。

188. 你知道如何救出被压埋的人员吗?

答:先救容易救的、受伤轻的,可以增加救援力量。在挖掘时首先要尽快暴露被压埋人员的头部,使其吸入新鲜空气,可喷水降尘,以免使被压埋者窒息;使用工具(铁棒、锄头、棍棒等)时注意不要伤及被压埋人员;不要破坏了被压埋人员所处空间周围的支撑物,引起新的垮塌;一时难以救出的,可设法向被压埋者输送饮用水、食品和药品,以维持其生命。

189. 怎样救护长时间被压埋的幸存者?

答:要使伤员逐步适应获救后的环境。

(1)将伤员的眼睛蒙住,避免强烈的光线刺激。(2)不要使伤员突然吸入大量的新鲜空气。(3)不要让伤员情绪过于激动。(4)应对伤员做紧急处理后,再送往医疗点或医院进行治疗。

190. 你知道震后如何确保饮水安全吗?

答:首选可直接饮用的瓶装水或密封桶装水。其次选择经简单消毒后即可饮用的水源,合格的水源首选泉水或井水,水井应修井台、井栏、井盖,井周围30米内禁设厕所、猪圈以及其他可能污染地下水的设施,打水

应备有专门的取水桶;其次选没有污染的小溪上游水,并划定范围,严禁在此区域内排放粪便,倾倒污水、垃圾等。集中式的饮用水水源取水点必须由专人管理。

191. 你知道震后不能吃的食物有哪些吗?

答:被水浸泡的食品,除了密封完好的罐头类食品外都不能食用;已死亡的畜禽、水产品;压在地下腐烂的蔬菜、水果;来源不明的、无明确食品标志的食品;严重发霉(发霉率在 30%以上)的大米、小麦、玉米、花生等及其他霉变食品;不能辨认的蘑菇;加工后常温下放置超过 4 小时的熟食等。

192. 你知道震后容易发生哪些传染病吗?

答:震后容易发生肠道传染病,如霍乱、甲肝、伤寒、痢疾、感染性腹泻等;虫媒传染病,如乙脑、疟疾等;人畜共患病和自然疫源性疾病,如鼠疫、流行性出血热、狂犬病、钩端螺旋体病等;呼吸道传染病,如流脑、麻疹、流感等;以及气性坏疽、破伤风等。

193. 你知道震后怎样有效消灭蚊蝇吗?

答:要全面喷洒灭蚊蝇药物,既可以利用飞机、汽车对居民点、坍塌的建筑物、厕所、垃圾堆等进行大面积喷药,也可以用手动压缩式喷雾器、静电喷雾器以及小型手提喷雾器对居民简易防震棚内外、分散的居民点室内和面积较小道路狭窄的地点,以及山坡、滩

涂等机动车辆难以到达的地方进行喷药。同时对室内、地窖、地下道等空气流动较慢的地方和喷雾器喷洒不到的地方,可用杀虫剂、烟剂熏杀,也可用野生植物熏杀。

(二) 防沙尘、大雾天气

194. 你知道什么是沙尘天气吗?

答:沙尘天气是风把沙尘吹入空中造成能见度下降的天气现象。

195. 你知道沙尘天气有什么危害吗?

答:沙尘天气影响人们正常的生产生活,影响交通安全并危害人体健康。空气中携带的大量沙尘遮蔽日光,天气阴沉,容易使人心情沉闷,工作学习效率降低。空气中的沙尘还可使人患呼吸道及肠胃疾病。沙尘天气还使气温急剧下降,地面处于阴影之下变得昏暗、阴冷。

196. 如果遇到沙尘暴,你知道怎么办吗?

答:如果沙尘暴来了,应尽量待在室内,并关好门窗;如果在室外,就近躲在防风、防尘的地方,不要待在广告牌等不稳定的物体旁,防止被砸伤,同时用纱布、手帕等物品保护好自己的眼睛和呼吸道。

197. 遇到大雾天气,你知道应该怎么办吗?

答:尽量待在室内,关闭门窗。如外出,要佩戴口罩、帽子等防护用具。回到室内后立刻脱去外衣,摘下口罩、帽子,并清洗手、脸等暴露在外的部位。

198. 大雾天气在户外应该注意什么?

答:大雾天气能见度低,注意避让车辆,尽量不骑车外出;行走时,注意沟、坑、水面和悬崖,避免意外伤害。

(三) 防低温天气

199. 雪天行走应注意什么?

答:外出时,穿戴防滑、保暖的鞋、衣物和帽子,选择熟悉的道路,慢速行走,留心雪地里凸起的物体和凹下的坑洞。行走时,双手不要放在兜里,防止摔倒。

200. 雪天骑车应注意什么?

答:雪天外出最好步行或乘车。必须骑车时,车胎气不要太足,慢速行驶,不能急刹车、猛拐弯,提前避让行人和车辆。

201. 低温天气时,取暖应注意什么?

答:取暖时,要避免烫伤和发生火灾。明火取暖要保持通风,防止煤气中毒;电器取暖,要避免触电。

202. 你知道什么是冻伤吗?

答:冻伤是指由于人处于寒冷环境中,但没有做好防寒措施,导致身体局部损伤,皮肤发炎坏死的一种皮肤病。

203. 你知道如何预防冻伤吗?

答:(1)加强锻炼,增强体质。(2)寒冷天气外出时注意保暖措施,对耳朵、手、头等容易冻伤部位加强保护。（3）合理饮食,吃热食热饮,不吃冷饮,保证饮食充足。（4）不使用刺激性较强的洗涤用品,洗后要涂抹油质护肤品。

204. 冬天能穿戴潮湿的衣服鞋袜吗？

答：不能。潮湿的衣服鞋袜在寒冷的环境下可能结冰,造成冻伤。

205. 冬季房檐上的水滴结成冰柱,可以玩吗？可以在房檐下久待吗？

答：不可以。冰柱虽然透明,但是其中含有许多病菌;而且冰柱坚硬,若不慎摔倒可能引发其他意外。房檐冰柱会随时脱落,在房檐下久待会发生危险,见到房檐冰柱应请老师处理。

206. 冬天下雪后,可以长时间在室外玩耍吗？

答：不可以。下雪后室外温度较低,长时间

在室外玩耍出汗后容易结冰,造成冻伤;另外,雪地反光能力较强,长时间玩耍会伤害眼睛,造成"雪盲"。

207. 可以用热水浸泡冻伤部位吗?

答:不能。如果发生冻伤,应用冷水浸泡,并按摩至皮肤发热,千万不要用热水泡或在炉子上烤,否则会造成烫伤。

208. 腿部冻伤后可以走路去医院吗?

答:不可以。腿部冻伤以后更容易受伤,这个时候走路容易造成运动伤害,加重伤势。

附录　部分安全标志

常见食品安全标志

食品安全标志

绿色食品标志

无公害农产品
标志

常见消防标志

当心火灾——
易燃物质

当心爆炸——
爆炸性物质

禁止携带托运
易燃及易爆物品

禁止烟火

禁止燃放鞭炮

火情警报设施

灭火器

紧急出口

疏散楼梯

常见危险品标志

剧毒品标志

有害品标志

感染性物品标志

一级放射性物品
标志

易燃液体标志

腐蚀品标志

常见交通标志

注意信号灯

注意危险

当心落水

注意落石　　　　**注意非机动车**

此标志设在左/右侧有落石危险的傍山路段之前适当位置。

此标志设在混合行驶的道路并经常有非机动车横穿、出入的地点以前适当位置。

禁止通行

表示禁止一切车辆和行人通行。此标志设在禁止通行的道路入口处。

禁止行人进入

表示禁止行人进入。此标志设在禁止行人进入的路段入口处。

禁止骑自行车下/上坡

表示禁止骑自行车下/上坡通行。此标志设在禁止骑自行车下/上坡通行的路段入口处。

禁止非机动车进入

表示禁止非机动车进入。此标志设在禁止非机动车进入通行的路段入口处。

人行横道

非机动车车道

非机动车行驶

暴雨红色预警信号

3 小时内降雨量将达 100 毫米以上，或者已达 100 毫米以上且降雨可能持续。

暴雪橙色预警信号

6 小时内降雪量将达 10 毫米以上，或者已达 10 毫米以上且降雪持续，可能或者已经对交通或者农牧业有较大影响。

暴雪红色预警信号

6 小时内降雪量将达 15 毫米以上，或者已达 15 毫米以上且降雪持续，可能或者已经对交通或者农牧业有较大影响。

雷电橙色预警信号

2 小时内发生雷电活动的可能性很大，或者已经受雷电活动影响，且可能持续，出现雷电灾害事故的可能性比较大。

雷电红色预警信号

2 小时内发生雷电活动的可能性非常大，或者已经有强烈的雷电活动发生，且可能持续，出现雷电灾害事故的可能性非常大。

道路结冰红色预警信号

路表温度低于 0℃，出现降水，2 小时内可能出现或者已经出现对交通有很大影响的道路结冰。